Mr. Anjinayya
Dhananjay P. Haramagatti
Ankit Patel

Doenças importantes das culturas fruteiras tropicais

Mr. Anjinayya
Dhananjay P. Haramagatti
Ankit Patel

Doenças importantes das culturas fruteiras tropicais

limitado com clareza e nitidez

ScienciaScripts

Imprint

Cover image: www.ingimage.com

This book is a translation from the original published under ISBN 978-620-8-42201-1.

Publisher:
Sciencia Scripts
is a trademark of
Dodo Books Indian Ocean Ltd. and OmniScriptum S.R.L publishing group

120 High Road, East Finchley, London, N2 9ED, United Kingdom
Str. Armeneasca 28/1, office 1, Chisinau MD-2012, Republic of Moldova, Europe
Managing Directors: Ieva Konstantinova, Victoria Ursu
info@omniscriptum.com

Printed at: see last page
ISBN: 978-620-8-62513-9

IMPORTÂNCIA DAS DOENÇAS DAS CULTURAS FRUTÍCOLAS TROPICAIS

Por ANJINAYYYA

RECONHECIMENTO

As emoções não podem ser totalmente transmitidas através de palavras, uma vez que isso as transforma em algo formal. A minha gratidão vai muito para além do que sou capaz de exprimir aqui.

Desejo transmitir a minha sincera gratidão e o meu maior respeito a "Deus", o Todo-Poderoso, cuja orientação tem estado comigo em todas as etapas da vida, transformando cada fase numa fase de sucesso. Foi graças às suas bênçãos que cheguei até aqui e continuo a ter esperança num futuro mais risonho. É com grande prazer que exprimo o meu sincero respeito e gratidão ao meu principal orientador, Dr. Ankit, Professor Assistente na Universidade de Ganpat, Faculdade de Agricultura, Ciências Aliadas e Tecnologia KKIASR, Mehsana (Gujarat), Índia, pelo seu interesse dedicado, orientação especializada e encorajamento contínuo ao longo da minha investigação e da preparação deste livro.

Tive a sorte de ter um professor, mentor e guia excecional como ele, que me ajudou a compreender melhor a realidade. Admirarei sempre a sua auto-disciplina e o conhecimento que partilhou comigo. Muito obrigado, senhor. Também estendo a minha gratidão ao Colégio de Horticultura da Universidade Agrícola de S. D., Jagudan, Mehsana (Gujarat), Índia, pela sua assistência oportuna e valiosa na redação deste livro. Seria negligente se não expressasse os meus sinceros agradecimentos a todos os membros do pessoal que me ajudaram durante todo o processo, fornecendo materiais fiáveis e apoio para transformar as minhas ideias num livro completo.

Em todos os momentos cruciais da vida, é preciso ter amigos sinceros e solidários para enfrentar os desafios e o cansaço com um espírito positivo. Tive sorte neste domínio e gostaria de exprimir a minha sincera gratidão aos meus colegas, juniores, seniores e queridos amigos Sharan Gouda, Mangi Lal, Dhananjay, Sanjay, Nirav Chaudhary, Siddappa Pojari e Darshan. Gostaria de concluir esta nota agradecendo a todos aqueles que consegui recordar aqui, bem como àqueles que, involuntariamente, me possam ter escapado. As palavras não são suficientes para exprimir a minha profunda gratidão e dívida para com a minha mãe, a Sra. Shankramma, e para com os meus melhores amigos, Darshana Patil e Sanket CM, pelos seus sacrifícios, confiança, amor, carinho e encorajamento inabalável ao longo do meu percurso.

Local: jagudan Gujarat

Data

RESUMO

As culturas frutícolas tropicais, como a banana, a papaia, a manga, a goiaba, o ananás e os citrinos, são susceptíveis a uma vasta gama de doenças que podem afetar significativamente a produção, a qualidade e o rendimento. Estas doenças são causadas por vários agentes patogénicos, incluindo fungos, bactérias, vírus e nemátodos. As doenças fúngicas, como a antracnose e a murcha de fusarium, estão entre as mais prevalecentes nas culturas frutícolas tropicais, afectando plantas como a banana, a papaia, a manga e o ananás. As infecções bacterianas, como a murchidão bacteriana, são também ameaças graves, particularmente em culturas como a goiaba, os citrinos e as papaias. Os vírus, incluindo o vírus da tristeza dos citrinos e o vírus da mancha anelar da papaia, causam danos graves, reduzindo a qualidade dos frutos e a viabilidade das culturas. As infestações de nemátodos, que provocam danos nas raízes e reduzem a absorção de nutrientes, são outro problema comum nos sistemas de produção de frutos tropicais. Além disso, as doenças da mancha foliar e da podridão radicular afectam muitas árvores de fruto tropicais, incluindo o abacateiro e a lichia. As alterações climáticas exacerbaram a propagação destas doenças, criando condições mais favoráveis ao desenvolvimento dos agentes patogénicos. O impacto económico das doenças das culturas frutícolas tropicais é substancial, uma vez que resultam num aumento dos custos de produção, na perda de acesso ao mercado e em restrições comerciais. A deteção precoce e as estratégias de gestão integrada das doenças são essenciais para atenuar os efeitos destas doenças. Práticas sustentáveis, como a rotação de culturas, variedades resistentes e controlo biológico, estão a ser exploradas para reduzir a dependência de tratamentos químicos. Além disso, os avanços no diagnóstico molecular e na engenharia genética são promissores para o desenvolvimento de cultivares de frutos resistentes a doenças. As novas tecnologias de edição de genes, como o CRISPR, podem oferecer soluções potenciais para melhorar a resistência às doenças. O controlo eficaz das doenças das culturas frutícolas tropicais exige a colaboração entre investigadores, agricultores e decisores políticos. O futuro da produção de fruteiras tropicais depende da investigação e inovação contínuas na gestão das doenças, com enfoque na sustentabilidade e na resiliência a longo prazo.

ÍNDICE

Doenças da manga

A manga é amplamente considerada como o rei dos frutos e tem uma importância significativa na agricultura mundial. A Índia é o maior produtor e exportador de mangas do mundo. Para além do seu sabor delicioso, aspeto sedutor e aroma apetitoso, a manga é também conhecida pelas suas excepcionais propriedades nutricionais e medicinais. É uma fonte rica em vitaminas A e C, contribuindo para a saúde geral. Os especialistas em nutrição salientam que o fruto da manga madura é revigorante, engordativo, laxante e diurético. As suas várias partes, da raiz à ponta, têm diversas utilizações na medicina tradicional, na culinária e em produtos cosméticos. As mangas são também valorizadas pelo seu elevado teor de antioxidantes, que ajudam a reforçar a imunidade e a promover uma pele saudável. A cultura, no entanto, é vulnerável a várias doenças fúngicas, bacterianas e não parasitárias, que podem afetar negativamente o rendimento e a qualidade. Estas incluem a antracnose, o oídio e a mancha negra bacteriana, tornando a gestão das doenças crucial para uma produção óptima.

Doenças graves

- Malformação: *Fusarium moniliformae var.*
- *Oídio-Oidium*
- *Antracnose-Colletotrichum*
- Costas de *moribundo-Botryodiplodia*
- Bolor fuliginoso - *Capnodium*
- Praga *cinzenta-Pestalotiopsis*
- Podridão da extremidade do *caule-Diplodia*
- Ferrugem vermelha - *Cephaleuros*
- Cancro bacteriano - *Xanthomonas campestris pv. mangiferae*

- Visco gigante - *Dendrophthoe spp.*

Doença da Malformação da Manga (MMD)

A doença da malformação da manga é uma doença fúngica da manga causada por vários espécies de Fusarium, algumas ainda por descrever. A manga é o único hospedeiro conhecido do
doença.

A doença progride muito lentamente numa mangueira, mas se não for controlada, pode diminuir significativamente os rendimentos. O principal método de transmissão da Doença da Malformação da Manga (MMD) para novas áreas é através da utilização de material de plantação vegetativo infetado. Não existem provas que sugiram que a doença se possa propagar através de frutos ou sementes, nem que represente uma ameaça direta para a saúde humana. A DMM é frequentemente associada à presença do ácaro Aceria mangiferae, embora a investigação tenha demonstrado que estes ácaros são responsáveis pela propagação da doença dentro de uma única árvore e não entre árvores. A malformação da manga, também designada por "bunchy top", representa uma grave ameaça para a indústria da manga, especialmente no norte da Índia. Apesar da investigação exaustiva, a causa exacta da doença continua por esclarecer, com várias teorias propostas, incluindo factores fisiológicos, virais, fúngicos, acarológicos e nutricionais. A doença pode levar ao desenvolvimento de inflorescências e frutos malformados, resultando numa frutificação deficiente e numa redução do rendimento global. É necessário continuar a investigação para esclarecer a etiologia da doença e desenvolver estratégias de gestão eficazes. Além disso, factores ambientais como o clima e as condições do solo podem também contribuir para o aparecimento e a gravidade da doença.

Sintomatologia:

São produzidos três tipos distintos de sintomas.

1. Cabeça de plântulas com cachos (BT)
2. Malformação vegetativa (MV)
3. Malformação floral (MF)

Cabeça de cacho das plântulas (BT)

- A fase de "Bunchy Top" (BT) manifesta-se normalmente nas plantas jovens de mangueira quando estas
  têm 4-5 meses de idade, normalmente nas camas de viveiro.
- Esta fase é marcada pelo desenvolvimento de um denso aglomerado de pequenas
  rebentos com folhas rudimentares e subdimensionadas. Nalguns casos, vários

os cachos podem emergir de uma axila foliar, quer no topo da planta, quer mais abaixo o rebento principal.

- Estes rebentos são significativamente mais espessos do que o caule principal de onde provêm,

e o crescimento geral dos rebentos é atrofiado e curto.

- As plantas afectadas apresentam um vigor reduzido e um desenvolvimento estrutural deficiente, levando

com um aspeto caraterístico de "cacho". Se não for tratada, esta malformação

prejudicam gravemente o crescimento das plantas e a produção de frutos. O stress ambiental, os nutrientes

e a presença do ácaro do broto contribuem para o aparecimento de

da fase BT, embora a causa exacta continue a ser investigada.

O crescimento da planta é interrompido e dá um aspeto de copa em cacho.

Malformação floral (MF):

- Variação na formação da panícula, as cabeças malformadas secam em massas negras e persistem na árvore durante muito tempo.
- E os ramos secundários transformam-se em gomos vegetativos e grandes número de pequenas folhas e caules, que se caracterizam por uma apreciável
- entrenós reduzidos e compactados entre si, formando uma vassoura de bruxa aparência.
- Noutros casos, os botões florais raramente se abrem e permanecem verde-escuros.

Etiologia:

- Fusarium moniliformae var. subglutinans. Wollenw. &Reink. Os micro conídios são unicelulares ou bicelulares, ovais a fusiformes e produzidos a partir de polifialídeos.
- Os macroconídios raramente são produzidos e têm 2-3 células e são falcados.
- O corpo de frutificação assexuado do fungo é o esporodóquio.
- Os clamidósporos não são produzidos

Modo de propagação e sobrevivência:

- Os materiais de propagação doentes contribuem para a propagação da doença.

Epidemiologia:

- A doença é grave antes da floração na região noroeste, onde a A temperatura situa-se entre os 10 e os 15°C em dezembro e janeiro.
- A doença é ligeira nas zonas onde a temperatura se situa entre 15-20°C, esporádica
- entre 20-25o c e nula para além de 25o c. A ocorrência de malformações diferiu

- de acordo com a idade das plantas. As árvores com 4-8 anos são muito susceptíveis.

Malformação da manga

Oídio

O oídio é uma das doenças foliares devastadoras da manga que afecta quase todas as cultivares. Na Índia, a doença está muito disseminada, incluindo nos vales montanhosos e nas planícies de U.P., e constitui uma séria ameaça à produção de manga. A sua gravidade depende principalmente das condições climáticas. As perdas foram estimadas em 20% em Maharastra e 30-90% em Lucknow e U.P.

Sintomas:

- Um crescimento pulverulento esbranquiçado cobre os caules da panícula, as flores e os tenros
- frutas.
- O crescimento esbranquiçado do fungo que compreende um corpo de frutificação assexuado e um oídio.
- As flores e os frutos afectados caem prematuramente, reduzindo o vingamento dos frutos.
- Em altitudes mais elevadas, a infeção estende-se às folhas jovens e aos ramos.
- Muitos deles estão cobertos por um crescimento fúngico branco pulverulento e podem apresentar

• crescimento distorcido. Nas folhas mais jovens, induz o enrolamento das folhas.

Infeção pulverulenta **Infeção em fase avançada**

Etiologia:

- Oidium mangiferae, Berthet. Produz micélio septado e é hialino,
- ramificados e superficiais. Os haustórios são subepidérmicos.
- Os conídios são hialinos, unicelulares, elípticos e apresentam-se isolados ou raramente em cadeias

Modo de propagação e sobrevivência:

- Durante a época baixa, o agente patogénico sobreviveu em panículas verdes intactas e malformadas

A sua forma sexual não foi registada e está quase sempre escondida sob uma folhagem densa.

- Durante o período de floração, as condições ambientais favoráveis activam o micélio dormente em folhas necróticas.
- Produzem-se conídios em abundância, que são arrastados pelo vento para as panículas jovens, o que fornece uma carga de esporos para o início da doença.
- A infeção fresca nas folhas jovens ocorre durante a primeira semana de dezembro.

Epidemiologia:

- Ocorre normalmente entre dezembro e março. A doença é particularmente destrutiva nas zonas costeiras de Maharastra durante as estações frias e húmidas.
- As chuvas ou nevoeiros fortes de manhã acompanhados de noites frescas durante o período de floração favorecem a doença.
- A predominância de variedades susceptíveis, a elevada velocidade do vento durante 3-4 dias com temperaturas máximas superiores a 300^{c}, temperaturas mínimas de cerca de 150^{c} e humidades relativas máximas de 73,3-83,9% e mínimas de 23,4-25,5% são consideradas

propícias a uma rápida propagação.

Antracnose da manga

A infeção aparece sob a forma de manchas negro-acastanhadas no pedúnculo e nas flores da mangueira. Os pequenos pontos negros aparecem primeiro nas flores abertas, aumentando gradualmente e fundindo-se, levando à morte da flor. Em condições favoráveis, toda a flor pode ficar preta, resultando na queda da flor. Nos frutos maduros, desenvolvem-se manchas negras na região do pedúnculo, que aumentam de tamanho, provocando frequentemente fissuras na parte afetada do fruto. Nas folhas, aparecem numerosas manchas castanhas de vários tamanhos, espalhadas pela superfície.

O organismo causal (O.C.) é o *Colletotrichum gloeosporioides* (anteriormente *Glomerella cingulata*), um fungo patogénico. Este fungo sobrevive como micélio dormente durante longos períodos nas folhas caídas, podendo também ser disseminado através de fontes secundárias, como o ar e conídios transmitidos por salpicos produzidos no Acervulus.

Em condições ambientais óptimas, o fungo pode infetar rapidamente novos tecidos, levando a uma maior propagação da doença. A propagação é mais pronunciada em condições de humidade e chuva forte, facilitando o movimento dos esporos através da planta. As práticas de gestão eficazes incluem a remoção de restos de plantas infectadas e a utilização de fungicidas para limitar a propagação do agente patogénico.

Sintomas nos frutos

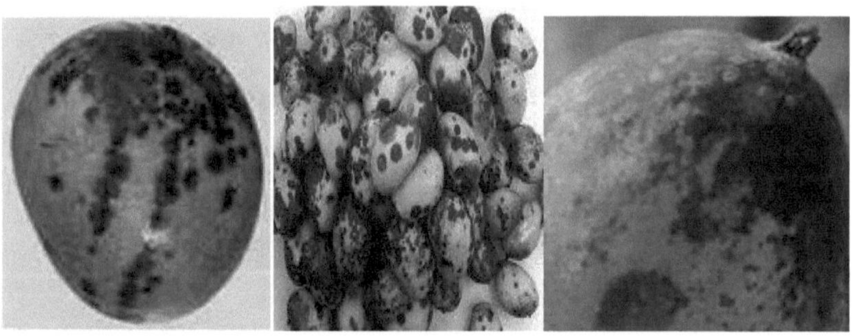

Sintomas nas folhas

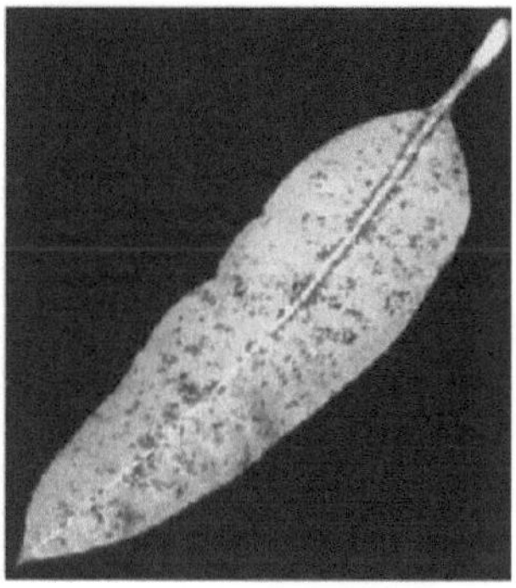 

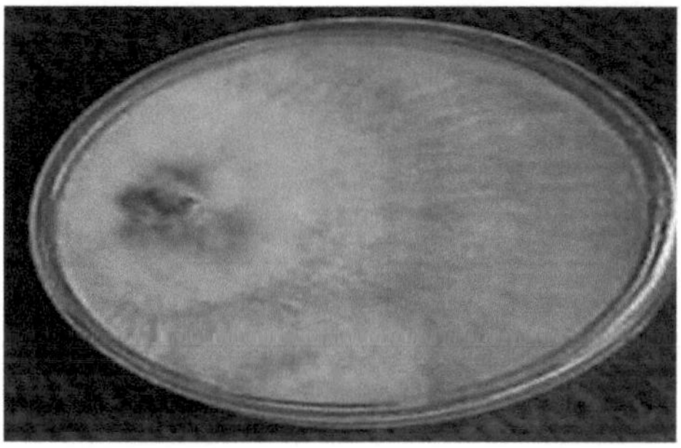

Colletotrichum gloeosporioides

vermelha

- Manchas cremosas ou acinzentadas, na sua maioria circulares e ligeiramente elevadas, nas folhas e nos ramos jovens.
- Várias manchas coalescem para formar manchas irregulares e a superfície superior correspondente das manchas é constituída por numerosos filamentos não ramificados que se projectam para fora da cutícula. A fase avançada das manchas apresenta uma cor avermelhada, pelo que se trata de ferrugem vermelha.

C.O: *Cephalurous virescens*

Folha infetada

bacteriano

O agente patogénico ataca várias partes da planta da mangueira, incluindo folhas, pecíolos, ramos, caules e frutos. Inicialmente, aparecem lesões encharcadas de água no pecíolo e na lâmina foliar, que aumentam gradualmente de tamanho e passam de castanhas a pretas, com uma auréola amarela circundante. À medida que a doença progride, várias lesões fundem-se, formando manchas necróticas maiores, muitas vezes de textura rugosa e elevada. Nos frutos jovens, desenvolvem-se manchas encharcadas de água, que acabam por se tornar castanhas a pretas, provocando a fissuração dos frutos. Os frutos afectados caem muitas vezes prematuramente, o que resulta numa perda significativa de rendimento.

O organismo causal (O.C.) é *Xanthomonas axonopodis* pv. *mangiferae indicae*, um agente patogénico bacteriano. A bactéria pode persistir durante muito tempo em cancros localizados nas folhas e nos ramos.

A propagação secundária ocorre através do ar e de células bacterianas transportadas por salpicos. É mais provável que o agente patogénico se desenvolva em condições de humidade, particularmente durante a estação das chuvas. As medidas de controlo eficazes incluem a remoção de material vegetal infetado, a utilização de bactericidas e a melhoria da resistência das plantas. Além disso, controlar o stress hídrico e evitar a fertilização excessiva com azoto pode ajudar a mitigar a propagação da doença.

Doenças da bananeira

A banana é uma fonte rica de energia com numerosas aplicações, razão pela qual é frequentemente designada por "Kalpatharu" ou árvore da vida. O fruto é utilizado para cozinhar e como fruta de mesa, enquanto as folhas são utilizadas em vários pratos culinários. O botão da flor masculina e o caule são consumidos como legumes, e o pseudocaule e os rizomas são valiosos como alimento para o gado. Além disso, estas partes são utilizadas na preparação de alimentos para bebés, bem como na produção de cartão e de produtos de tecido. Para além destas utilizações, as fibras de bananeira estão a ser cada vez mais exploradas para têxteis e artesanato. A flor da bananeira é também conhecida pelas suas propriedades medicinais, frequentemente utilizadas em remédios tradicionais. A versatilidade da planta torna-a altamente benéfica em várias indústrias, incluindo a agricultura, a alimentação e a indústria transformadora.

1. DOENÇA DO PANAMÁ - Fusarium oxysporum f.sp. cubense
2. MOKO WILT / DOENÇA (Murchidão bacteriana)-Ralstonia solanacearum
3. MANCHA DA FOLHA DE SIGATOKA-Cercospora musae
4. ANTHRACNOSE-Colletotrichum musae
5. BUNCHY TOP-Banana bunchy top virus
6. STEM END ROT-Ceratocystis paradoxa
7. NEMATODE BURROWING- Radopholus similis
8. MANCHA NEGRA- Phyllosticta musarum
9. CLOROSE INFECCIOSA - Vírus do mosaico do pepino

1. Murchidão da bananeira do Panamá

As plantas infectadas exibem um amarelecimento distinto dos folíolos, que começa como uma faixa ao longo das margens e se espalha gradualmente em direção à nervura central. À medida que a infeção progride, as folhas colapsam e caem entre os pseudocaules, com a lâmina média a permanecer verde durante algum tempo. Após 4-6 semanas, apenas o pseudocaule permanece, rodeado por folhas mortas que pendem à sua volta. Um sintoma comum da infeção é a divisão do pseudocaule e das bases das folhas. Quando os rizomas infectados são cortados transversalmente, são visíveis feixes vasculares descoloridos e a parte cortada emite um odor a podridão. A infeção leva normalmente ao declínio gradual da saúde da planta, afectando significativamente o crescimento e o desenvolvimento. Para além do cheiro a podridão, os rizomas afectados tornam-se moles e pastosos, o que indica uma deterioração grave dos tecidos. Se não for controlada, a doença pode levar ao colapso total da planta, causando uma perda substancial de rendimento. O patógeno também pode se espalhar através de solo e água contaminados, enfatizando a necessidade de medidas sanitárias adequadas.

C.O: *Fusarium oxysporum* f.sp. *cubensis*

O fungo sobrevive como clamedósporos nos detritos do hospedeiro afetado e no solo durante muito tempo e como fonte secundária de micro e macro conídios transportados pelo ar e por salpicos.

2. Sigatoka

As folhas afectadas apresentam estrias estreitas castanho-amareladas claras a verdes que aumentam gradualmente, formando manchas lineares castanho-escuras a pretas. A parte central destas manchas torna-se necrótica e acinzentada, rodeada por uma faixa castanha escura, que é depois circundada por uma auréola amarela. Na superfície superior da folha, as frutificações do fungo aparecem como pequenas manchas pretas. Com o tempo, estas manchas fundem-se frequentemente, criando grandes manchas necróticas que acabam por secar, provocando a desfoliação. A doença pode espalhar-se rapidamente em condições de humidade e de chuva, levando a uma perda significativa de folhas. À medida que a infeção progride, a capacidade de fotossíntese da planta fica comprometida, enfraquecendo a sua saúde geral. Se não for gerida, a doença pode reduzir gravemente o vigor e o rendimento das plantas, o que realça a importância de uma intervenção atempada. A aplicação adequada de fungicidas e as práticas culturais, como a remoção de material vegetal infetado, são cruciais para controlar a propagação da doença.

C.O: *Mycosphearella musae* (Anamorfo: *Cercospora musae*)

O fungo sobrevive como micélio dormente nos detritos do hospedeiro afetado durante muito tempo e secundário fonte de ar e de salpicos como os conídios

Estrias amareladas e esverdeadas **Manchas castanhas elípticas**

3. Antracnose / podridão dos frutos

Os sintomas da doença são observados pela primeira vez na extremidade distal da banana, onde a casca fica preta, murcha e fica coberta com os caraterísticos corpos frutíferos assexuados de cor rosa (Acervulus). À medida que a infeção progride, espalha-se por todo o dedo e, eventualmente, por todo o cacho, levando ao amadurecimento prematuro dos frutos. Os frutos afectados ficam murchos e cobertos de massas de esporos cor-de-rosa, acabando por apodrecer. Os frutos maduros são mais vulneráveis à doença do que os frutos verdes, o que a torna uma ameaça significativa durante a colheita. A doença pode levar a perdas substanciais após a colheita, uma vez que as bananas infectadas se tornam impróprias para consumo ou venda. Os factores ambientais, como a humidade e a temperatura, desempenham um papel crucial na propagação e na gravidade da infeção. As práticas de gestão eficazes incluem a utilização de fungicidas, saneamento adequado e manuseamento cuidadoso durante a colheita para minimizar a exposição da fruta ao agente patogénico.

C.O: *Colletotrichum musae*

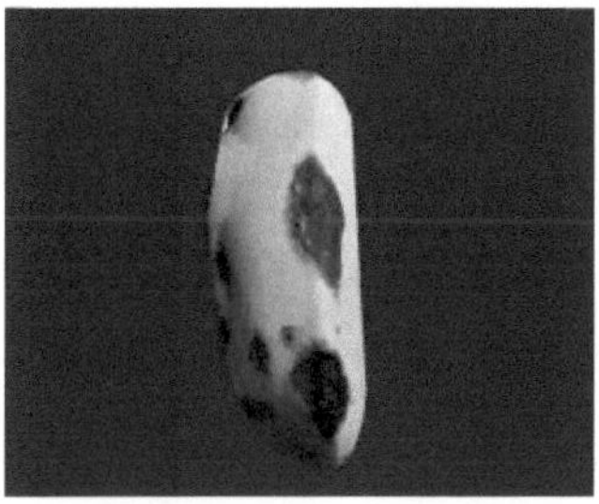

O fungo sobrevive como micélio dormente durante muito tempo nas folhas caídas e como fonte secundária de conídios transportados pelo ar e por salpicos produzidos a partir dos acérvulos.

Manchas castanhas escuras nos frutos imaturos

3. Moko wilt

O sintoma inicial da doença é a descoloração amarela da lâmina interna da folha perto do pecíolo, seguida de murchamento. O pecíolo parte-se então na sua junção com a lâmina ou pseudocaule, fazendo com que as folhas afectadas caiam à volta do pseudocaule. Quando o pseudocaule doente é cortado transversalmente, é visível a descoloração dos feixes vasculares, cuja cor varia do amarelo ao castanho, ou mesmo do azulado ao preto. Na parte cortada pode observar-se frequentemente exsudado bacteriano, o que confirma ainda mais a infeção. A doença espalha-se rapidamente em condições de humidade, enfraquecendo a planta e afectando o seu crescimento global. As plantas infectadas apresentam um vigor reduzido, um fraco desenvolvimento das folhas e um crescimento atrofiado. Se não for controlada, a doença pode afetar gravemente a capacidade da planta de produzir frutos, resultando numa perda significativa de rendimento. As estratégias de gestão devem incluir a remoção de partes de plantas infectadas, saneamento adequado e a aplicação de bactericidas apropriados.

C.O: *Ralstonia solanacearum*

A bactéria sobrevive durante muito tempo nos rizomas afectados e actua como fonte primária. A fonte secundária de inóculo provém de células bacterianas transportadas pelo solo e pela água

Doenças das uvas

As uvas estão entre as culturas frutícolas mais importantes do mundo e a sua relação com o homem remonta a uma época ainda mais antiga do que o arroz ou o trigo. Atualmente, as uvas são consideradas uma cultura altamente rentável com benefícios nutricionais substanciais. São cultivadas para vários fins, incluindo a produção de passas, vinho, sumo, conservas e para consumo em fresco como uvas de mesa. A nível mundial, a produção de uvas ultrapassa a de qualquer outra cultura frutícola, cobrindo aproximadamente 11 milhões de hectares e produzindo 75 milhões de toneladas por ano. Espanha, Itália e França são os principais produtores, sendo responsáveis por mais de metade da oferta total mundial. Na Índia, as uvas são cultivadas tanto em climas tropicais como subtropicais, tendo o cultivo comercial de uvas começado apenas nas últimas quatro décadas. Os estados de Maharashtra, Karnataka, Andhra Pradesh e Tamil Nadu são os principais produtores de uvas na Índia. Com os avanços nas técnicas de cultivo da uva, a indústria na Índia registou um rápido crescimento, contribuindo tanto para o consumo interno como para os mercados de exportação.

DOENÇAS MAIORES

- Oídio : *Uncinula necator*
- Míldio: *Plasmopara viticola*
- Antracnose: *Elsinoe ampelina* (=*Gloeosporium amphelphagum*)
- Podridão negra : Guignardia bidwellii
- Cancro bacteriano: Xanthomonas campestris pv. Viticola

Oídio das uvas

O agente patogénico afecta todas as partes da planta, exceto as raízes. O sintoma caraterístico é o aparecimento de manchas pulverulentas que aumentam gradualmente e, nalguns casos, toda a folha fica coberta por um crescimento fúngico branco-escuro. medida que a doença progride, o crescimento pulverulento estende-se aos ramos e às flores, intensificando ainda mais os danos. A desfoliação é uma consequência comum, levando à redução da fotossíntese, o que, por sua vez, afecta o crescimento da planta e o desenvolvimento dos frutos. Isto pode resultar num tamanho mais pequeno dos frutos e num menor rendimento global. Em casos graves, a doença pode enfraquecer significativamente a planta, tornando-a mais suscetível a outros stresses ambientais e agentes patogénicos. A gestão atempada através de fungicidas e práticas culturais, como o espaçamento adequado e o saneamento, é essencial para controlar a propagação da doença.

C.O.: *Uncinula necator*

O fungo invernal e estival apresenta-se como cleistoteca e micélio dormente nos detritos do hospedeiro afetado. Propagação secundária através de transmitidos pelo ar.

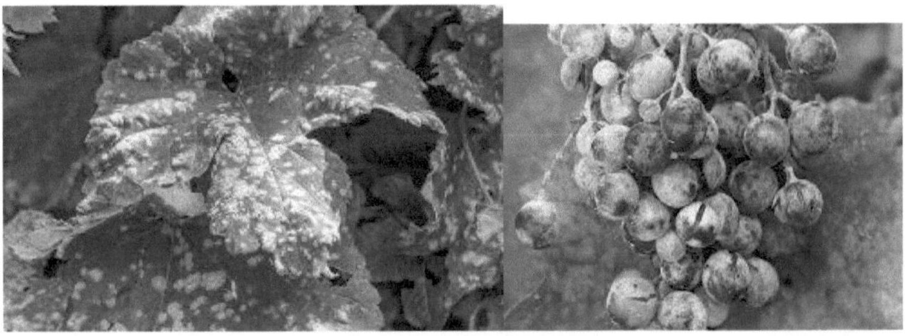

Uvas Míldio:

No início da infeção, aparecem na superfície superior das folhas pequenas manchas translúcidas, amarelo-pálido, com bordos indistintos. Na superfície inferior correspondente, torna-se visível um crescimento esbranquiçado e penugento. Este crescimento esbranquiçado é constituído por um grande número de esporângios em estruturas especializadas designadas por esporangióforos. À medida que a doença progride, as folhas gravemente infectadas começam a cair e, durante a floração intensa, as flores também são afectadas, levando à sua queda prematura. Em casos graves, os bagos tornam-se murchos e deformados. O agente patogénico pode propagar-se rapidamente em condições de humidade e de chuva, agravando os danos. As plantas afectadas apresentam um crescimento atrofiado, um tamanho de fruto reduzido e rendimentos mais baixos. Para gerir esta doença, é crucial aplicar fungicidas adequados, remover o material vegetal infetado e assegurar uma circulação de ar adequada à volta das plantas para reduzir a acumulação de humidade.

C.O: *Plasmopara viticola*

O fungo invernal e estival apresenta-se sob a forma de oósporos e micélios dormentes no local afetado

detritos do hospedeiro. A propagação secundária faz-se através dos esporângios e zoósporos transportados pelo ar.

Antracnose/ Mancha olho de pássaro:

Nos rebentos e folhas verdes, a infeção aparece sob a forma de pequenas manchas castanhas irregulares, com as partes centrais a ficarem cinzentas e acabando por cair, deixando para trás pequenos buracos. Nos rebentos e nas gavinhas, formam-se manchas castanhas claras, inicialmente redondas, mas que se tornam elípticas à medida que a doença progride. Nos bagos, as manchas começam por ser castanhas claras, aumentando gradualmente e tornando-se cinzentas no centro, com uma margem avermelhada ou arroxeada que cria o aspeto caraterístico de "olho de pássaro". Esta infeção fúngica enfraquece a planta, reduzindo a sua saúde e produtividade globais. A doença pode espalhar-se rapidamente em condições favoráveis, particularmente em condições de elevada humidade. À medida que avança, pode provocar a queda prematura e a deformação dos frutos. As medidas de controlo eficazes incluem a remoção de partes de plantas infectadas, aplicações adequadas de fungicidas e assegurar uma boa circulação de ar para evitar a acumulação de humidade nas superfícies das plantas. Além disso, as cultivares resistentes e a rotação de culturas podem ajudar a minimizar o risco de infeção.

C.O.: *Elisino amphelina*

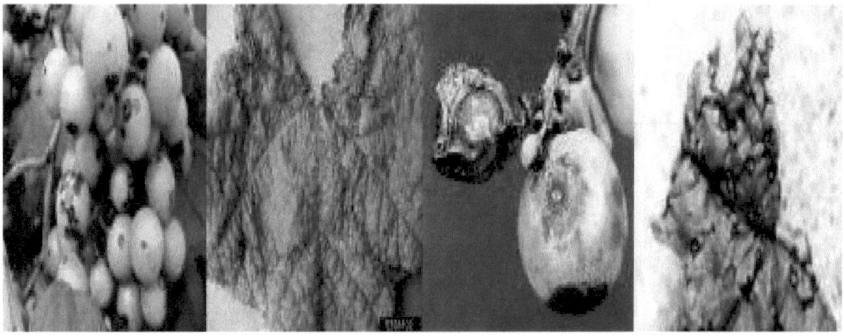

1. **Cancro bacteriano:**

Pequenas manchas irregulares encharcadas de água nas folhas, translúcidas à luz e com um centro necrótico do tamanho de uma cabeça de alfinete. Numerosos pontos coalescem para formar grandes manchas. As folhas gravemente infectadas desfolham-se facilmente. No caule, a doença começa com manchas pretas castanhas à volta dos nós. Na fase avançada da infeção nodal, formam-se estrias e fissuras nos nós. Por fim, a doença leva à destruição da planta.

C.O.: *Xanthomonas campestris* pv. *viticola*

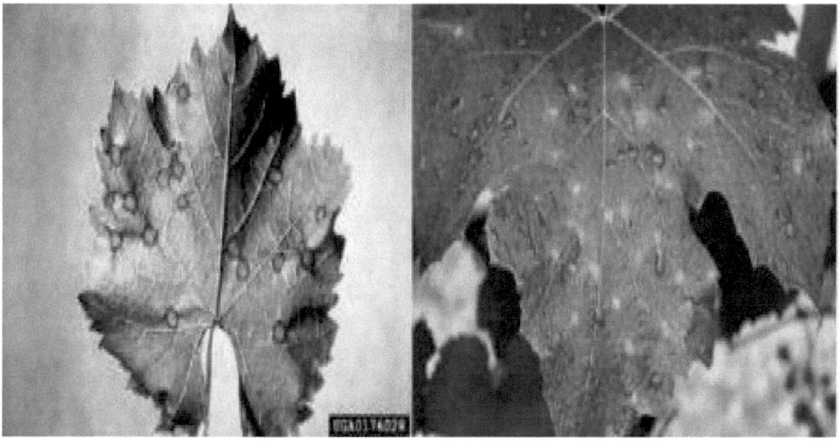

Doenças dos citrinos

Nos rebentos e folhas verdes, a infeção aparece inicialmente como pequenas manchas castanhas irregulares. As áreas centrais destas manchas tornam-se cinzentas e acabam por cair, deixando pequenos buracos no seu lugar. Nos rebentos e nas gavinhas, a infeção manifesta-se como manchas castanhas claras que começam redondas, mas que se tornam elípticas à medida que a doença progride. Nos bagos, formam-se manchas castanhas claras, que aumentam de tamanho e se tornam cinzentas no centro, com um bordo avermelhado ou arroxeado que cria o caraterístico efeito "olho de pássaro". Esta infeção fúngica enfraquece gradualmente a planta, prejudicando a sua vitalidade geral e reduzindo a produtividade. Em condições favoráveis, como a humidade e a humidade elevadas, a doença pode propagar-se rapidamente, infectando várias partes da planta. À medida que avança, a infeção pode provocar a queda prematura dos frutos, deformações e uma diminuição da qualidade geral dos frutos. Para gerir eficazmente a doença, é importante remover e destruir o material vegetal infetado, aplicar fungicidas adequados e assegurar uma boa circulação de ar para reduzir o excesso de humidade. Além disso, a utilização de variedades resistentes e a prática da rotação de culturas podem ajudar a reduzir o risco de infecções recorrentes. Manter práticas de irrigação adequadas e evitar a rega por cima da cabeça também pode minimizar as condições favoráveis ao agente patogénico.

DOENÇAS DOS CITRINOS:

1) GOMOSE DOS CITRINOS: *Phytophthora*

2) PÓ DE CITRINO: *Oidium*

3) CITRUS SCAB: *Elsinoe*

4) MOLDA DE CITRINO: *Capnodium*

5) ANTRACNOSE DOS CITRINOS: *Colletotrichum*

6) CITRUS CANKER: *Xanthomanas campestris pv.*

7) CITRUS TRISTEZA/ DECLÍNIO RÁPIDO - Doença viral

8) CITRUS EXOCARTIS- Doença do viróide

9) CITRUS GREENING- *causada por fitoplasma*

10) NEMÁTODO DO NÓ DA RAIZ DOS CITRINOS: *Meloidogyne incognita*

1. Citrus gummosis:

A casca afetada apresenta uma gomose abundante, que leva a uma gomose severa que provoca a formação de uma cintura, resultando, por fim, na morte completa do ramo. Este processo reduz significativamente a folhagem, levando a uma perda de rendimento correspondente. A infeção propaga-se a partir da região do colo, causando a podridão do pé e a podridão do colo, o que pode eventualmente resultar na morte completa da planta. Nas partes aéreas da planta, o míldio desenvolve-se nas folhas, o que acaba por provocar a queda das folhas afectadas, e a queda de frutos torna-se um sintoma comum. À medida que a doença progride, a saúde geral da planta diminui, enfraquecendo a sua capacidade de produzir frutos e reduzindo a sua comercialização. A propagação da doença é muitas vezes rápida, especialmente em condições húmidas, e pode ser agravada por uma má drenagem do solo e pelo sobrepovoamento. Para controlar a infeção, é essencial remover e destruir as partes das plantas infectadas, aplicar fungicidas ou bactericidas adequados e melhorar as práticas culturais, como o espaçamento e a irrigação. Em alguns casos, os tratamentos do solo e a seleção de porta-enxertos podem ajudar a reduzir a suscetibilidade à doença.

C.O: *Phytophthora palmivora* (IND.)

Phytophthora citophthora (EUA)

O fungo invernal e estival apresenta-se sob a forma de oósporos e micélios dormentes nas folhas, ramos e frutos afectados. A propagação secundária faz-se através dos esporângios e zoósporos transportados pelo ar.

2. Sarna dos citrinos/ Verrugose:

A doença afecta as folhas, os ramos e os frutos da planta, causando danos consideráveis. Os novos rebentos infectados não se desenvolvem corretamente e acabam por morrer. Nas folhas, os primeiros sinais de infeção aparecem como pequenos pontos semi-translúcidos, que acabam por se transformar em lesões verrugosas e escabrosas. Formam-se pústulas na parte inferior das folhas, enquanto a parte superior desenvolve uma depressão distinta com um centro cor-de-rosa a vermelho. Nos ramos, aparecem lesões semelhantes que provocam a morte dos ramos infectados. À medida que a infeção avança, enfraquece a planta, provocando um crescimento atrofiado e uma diminuição da vitalidade. Em casos graves, as lesões espalham-se rapidamente, causando danos generalizados tanto na parte vegetativa como na parte reprodutiva da planta. A doença desenvolve-se em ambientes húmidos e molhados, o que torna o seu controlo mais difícil nessas condições. Para gerir a doença, é crucial realizar inspecções regulares às plantas, remover qualquer material infetado e aplicar fungicidas adequados. Além disso, o espaçamento adequado das plantas, a poda regular e a melhoria do fluxo de ar podem ajudar a reduzir a probabilidade de infeção. Manter boas práticas de saneamento e evitar a rega excessiva também ajudará a limitar a propagação da doença e a proteger a saúde das plantas.

C.O.: *Elisino fawcetti (sphaceloma fawcetti)*

Perpetua-se sob a forma de peritécios e micélios dormentes. A propagação secundária faz-sc através do ar e de conídios transportados por salpicos.

7. Oídio:

Todas as partes aéreas da planta, incluindo as folhas jovens e em crescimento ativo, os ramos e as flores, são afectadas pela doença. Nas partes infectadas, é visível um crescimento pulverulento branco, que é caraterístico da infeção. As folhas afectadas começam a amarelar, a enrugar-se e acabam por cair, enfraquecendo a planta. Nos casos mais graves, os frutos jovens ficam também cobertos por um crescimento pulverulento, levando à sua morte. O crescimento pulverulento também é visível nos frutos jovens, acelerando ainda mais o declínio da planta. À medida que a doença se espalha, reduz a capacidade de fotossíntese da planta, levando a um crescimento atrofiado e à diminuição da produção de frutos. A doença é frequentemente facilitada pela humidade elevada e pela má circulação do ar...

C.O: *Oidium tingitaninum*

O fungo não produz a fase sexual e multiplica-se apenas por meio de conídios assexuados e os micélios dormentes actuam como fonte primária de inóculo que está presente nos detritos afectados

8. Cancro dos citrinos/erupção da casca:

As lesões aparecem inicialmente como manchas pequenas, redondas, aquosas e translúcidas na superfície inferior da folha, que depois se espalham para a superfície superior. À medida que a doença progride, as manchas tornam-se cinzento-esbranquiçadas e desenvolvem um aspeto rugoso, cortiço e semelhante a uma cratera. Estas lesões são normalmente rodeadas por uma auréola amarela, o que as torna mais visíveis. Nos ramos maiores, os cancros tornam-se irregulares, ásperos e mais pronunciados, causando danos significativos à planta. Nos frutos, a auréola amarela está ausente e, em vez disso, forma-se uma depressão profunda e pronunciada, afectando ainda mais a qualidade do fruto. A infeção pode enfraquecer a planta, levando a uma redução do vigor e da produção de frutos. Se não for controlada, a doença pode espalhar-se rapidamente, provocando danos extensos em toda a planta. A remoção atempada das partes da planta infectadas, o saneamento adequado e a aplicação de fungicidas apropriados são essenciais para gerir a doença e evitar mais danos.

C.O: *Xanthomonas axanopodis pv.citri*

A bactéria sobrevive durante muito tempo nos cancros localizados afectados nas folhas e nos ramos e nas células bacterianas de origem secundária, transportadas pelo ar e por salpicos

9. Citrus greening ou Huanglongbing (HLB):

O atrofiamento das folhas, a folhagem esparsa, a morte rápida, a colheita fraca de frutos predominantemente verdes e de menor valor e apenas uma parte da árvore é afetada. A clorose foliar ocorre em plantas que se assemelham à deficiência de Zn.

C.O: *Candidatus liberibacter.*

10. Exocortis:

Rachaduras verticais na casca e uma fina faixa vertical estreita de casca exterior parcialmente solta. A descamação da casca aparece primeiro abaixo do nível do solo ou na união dos gomos e estende-se até às raízes. As plantas doentes ficam atrofiadas.

C.O: Citrus Exocortis Viroid (CEVd)

Transmitida por enxertia, gomos infectados, enxerto de raiz natural, cuscuta, inoculação de seiva, gomos infectados e instrumentos de poda.

A
B
C
D

Doenças da goiaba

Doenças da goiaba

1. Murchidão: *Fusarium oxysporum f. sp. psidii*
2. Cancro do fruto: *Pestalotiopsis psidii*
3. Cancro do caule: Physalospora psidii
4. Antracnose: Gloeosporium psidii (=Collectotrichum psidii)
5. Ferrugem vermelha: Cephaleuros virescens

1. Amortecimento/ Praga das plântulas da :

Pequenas manchas, ovais a irregulares, aparecem primeiro nas folhas e espalham-se rapidamente, especialmente em condições de humidade. Estas manchas podem cobrir toda a lâmina foliar e o pecíolo. As folhas superiores são as primeiras a ser afectadas e a doença progride gradualmente para baixo. À medida que a infeção avança, leva à morte da planta.

C.O: *Rhizoctonia solani*

O agente patogénico é transmitido pelo solo e os esclerócios são a estrutura de repouso e de vida longa, actuando como fonte primária de inóculo. Os filamentos miceliais transportados pelo ar e pela água actuam como fonte secundária de inóculo

2. Murchidão da goiaba:

As folhas dos ramos terminais apresentam amarelecimento com ligeira ondulação, dando às plantas afectadas um aspeto baço com folhas castanhas e sem vida. A casca do tronco fica descolorida e, por vezes, os sintomas podem aparecer apenas num dos lados da árvore, enquanto o outro lado permanece saudável. Em casos graves, os ramos e os galhos jovens secam uns a seguir aos outros. A queda prematura das folhas e a redução da frutificação ocorrem à medida que a doença progride. Os frutos que se desenvolvem nos ramos afectados tornam-se duros e pedregosos. Por fim, toda a planta fica desfolhada e morre.

C.O: *Fusarium oxysprum f.sp. psidii*

O agente patogénico é transmitido pelo solo e produz clamedósporos como estruturas vegetativas, em repouso e de vida longa, que actuam como fonte primária de inóculo. Os micro e macro conídios transportados pelo ar e pela água actuam como fonte secundária de inóculo

3. Sarna da goiaba/crestamento cinzento/ do fruto:

Nos frutos aparecem lesões castanhas escuras, cortiça, com margens elevadas e, à medida que a doença progride, estas lesões desfiguram os frutos. O agente patogénico produz um grande número de corpos de frutificação assexuados (Acervuli) nas lesões afectadas, que contribuem para a propagação da infeção. Estes corpos de frutificação libertam esporos que podem ainda infetar partes sãs da planta. Com o tempo, a extensão dos danos aumenta, levando a um declínio significativo na qualidade e no rendimento dos frutos.

C.O: *Pestalotiopsis psidii*

O fungo sobrevive nos detritos do hospedeiro afetado sob a forma de micélios e peritécios dormentes, que funcionam como fonte primária de inóculo. A fonte secundária são os conídios transportados pelo ar após a descarga dos acérvulos.

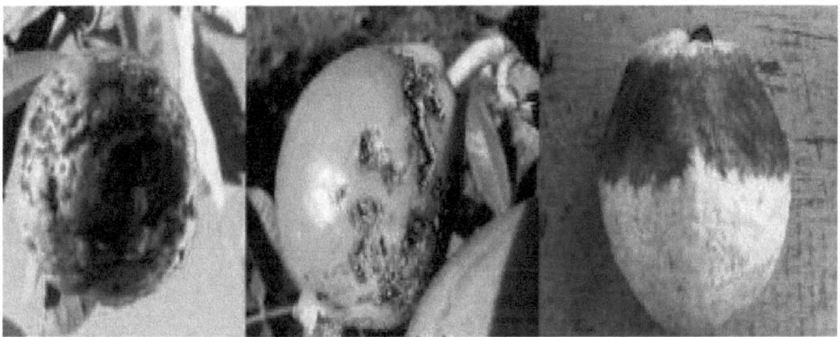

Canker on the fruit

4. Cancro do caule da goiabeira/ Cancro do fruto:

Inicialmente, formam-se fissuras ao longo do caule e os ramos afectados apresentam murchidão devido à perturbação da translocação de nutrientes, acabando por levar à sua morte. Nos frutos, os sintomas começam com pequenas manchas castanhas na extremidade do cálice e, à medida que a infeção progride, todo o fruto se torna castanho-escuro a preto, acabando por morrer. No espaço de 3 a 4 dias, todo o fruto apodrece devido à atividade saprófita do agente patogénico. Este rápido apodrecimento não só afecta a qualidade do fruto, como também leva a uma perda significativa de rendimento. A doença propaga-se rapidamente em condições ambientais favoráveis, o que torna crucial a adoção de medidas preventivas para limitar o seu impacto. A inspeção regular e a intervenção atempada podem ajudar a reduzir a propagação da infeção e a minimizar os danos nas culturas.

C.O: *Pysalospora psidii*

1. **Antracnose:**

Ataca toda a parte aérea da planta, inicialmente com manchas do tamanho de uma cabeça de alfinete nos frutos verdes, que aumentam gradualmente para formar manchas circulares afundadas de cor castanha escura a preta. (As manchas são o corpo de fruto assexuado do fungo, os acérvulos). A zona infetada dos frutos torna-se dura e cortiça. As folhas e os ramos tenros também são infectados e morrem.

C.O: *Colletotrichum psidii*

O fungo sobrevive nos detritos do hospedeiro afetado como micélio dormente, Perithecia e actua como fonte primária de inóculo. E a fonte secundária são os conídios transportados pelo ar após a descarga dos acérvulos.

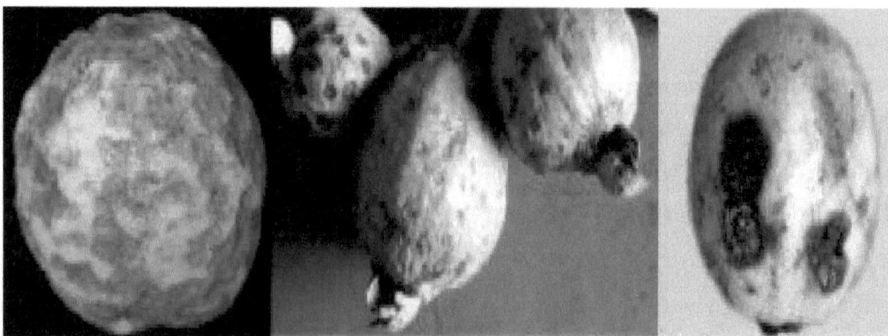

Disease symptoms on unripe and mature fruits

Doenças da Sapota

Doenças da Sapota

1. Mancha da folha:

Normalmente, observam-se manchas nas folhas maduras e, a seu tempo, as folhas jovens ficam livres desta doença, o que se deve ao facto de o fungo ser um parasita fraco. Muitas manchas coalescem para formar o míldio, desfolha e redução do rendimento.

C.O: *Phavephloeospora inidca*

2. Bolor com fuligem:

Inicialmente, um pó preto semelhante a carvão está presente nas folhas, mas à medida que a doença avança, ocupa todas as partes aéreas da planta. O fungo não afecta a fisiologia do hospedeiro produzindo almofadas de infeção, mas prejudica a fotossíntese

C.O: *Capnodium sp.*

3. Fasciação (doença dos membros planos):

O sintoma aparece em caules jovens em crescimento, os ramos afectados são planos, as folhas desses ramos são pequenas, produzem menos flores e frutos de tamanho pequeno. Isto é comum na estação das chuvas e no verão diminui lentamente.

C.O.: *Botyodiplodia theobromae*

Doenças da papaia

(A)DOENÇAS FÚNGICAS:

(1) Oídio: *Odium indicum* Kamat, *Odium caricae* Noack, *Leveillula taurica* (Lev.)

(2) Crestamento da folha: *Corynespora cassiicola* (Burk e Curt).

(3) Intemperismo: *Pythium aphanidermatum* Nirvan; *Rhizoctonia solani Subramaniam.*

(4) Foot Rot: *Pythium aphanidermatum* Nirvan.

(5) Antracnose: *Colletotrichum gloeosporioides* Penz.

(B) DOENÇAS VIRAIS

Papaya Mosaic Leaf Curl of Papaya Papaya Papaya Ring Spot Virus (PRSV) doenças

(C) DOENÇAS PÓS-COLHEITA DA PAPAIA:

(A) PODRIDÃO DOS FRUTOS DA PAPAIA:

(1) Macrophomina Rot: *Macrophomina phaseoli* (Maubl).

(2) Podridão de Rhyzophus ou podridão mole: *Rhizophus stolonifer* (Ehr.)

(3) Phomopsis Rot: *Phomopsis caricae* (Pterrak e Cif)

(4)Antracnose: *Colletotrichum gloeosporioides*

Doenças da papaia

1. Podridão do caule / podridão dos frutos / podridão do colo:

Aparecem manchas encharcadas de água no caule ao nível do solo. As manchas aumentam de tamanho e cingem o caule. A parte infetada torna-se castanha escura e apodrece, devido à desintegração do tecido parenquimatoso, as folhas tornam-se amarelas, caem e . Os frutos infectados são e secam na própria planta.

C.O: *Pythium* aphanidermatum/ *Rhizoctonia solani*

Ambos são transmitidos pelo solo e *o Pytium* produz oósporos, que são os esporos sexuais, os esporos em repouso e os esporos de longa duração que actuam como fonte primária de inóculo. A fonte secundária é o ar, os zoósporos e os esporângios transportados por salpicos. No caso da *Rhizoctonia,* produz esclerócios, que são estruturas em repouso e de vida longa, que actuam como fonte primária de inóculo, e os filamentos miceliais transportados pelo ar e pela água actuam como fonte secundária de inóculo.

2. Antracnose:

Nas folhas aparecem manchas castanhas minúsculas, circulares a irregulares, que se juntam para formar o míldio. Manchas totalmente desenvolvidas rodeadas por buracos cloróticos, manchas necróticas mais antigas são anormalmente finas e brancas como papel. As manchas necróticas mais velhas desbotam facilmente e formam um sintoma de orifício curto. A partir das folhas, espalha-se para os pecíolos, flores e frutos. Produz um corpo de fruto assexuado minúsculo e preto juntamente com a mancha.

C.O: *Colletotrichum papayae*

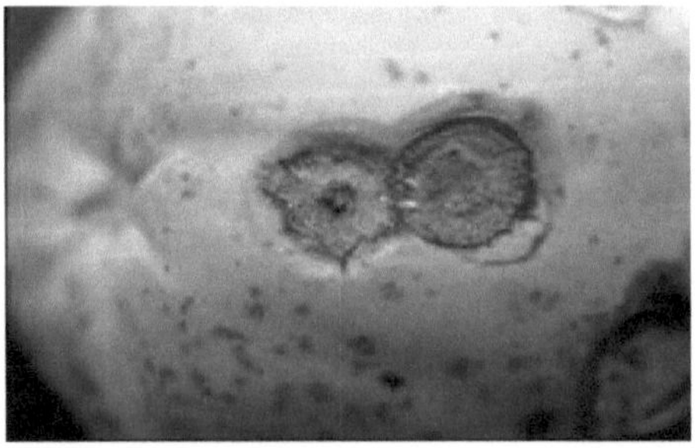

O fungo sobrevive nos detritos do hospedeiro afetado como micélio dormente, Perithecia e actua como fonte primária de inóculo. A fonte secundária são os conídios transportados pelo ar após a descarga dos acérvulos.

3. Oídio:

O agente patogénico ataca todas as partes da planta, exceto as raízes. O sintoma caraterístico é aparecimento de manchas pulverulentas acinzentadas na superfície da folha e mais na superfície inferior das folhas. Estas manchas aumentam e, por vezes, toda a folha fica coberta por um crescimento fúngico branco sujo rodeado por uma margem escura. As flores e os frutos também podem apresentar um crescimento pulverulento. A desfoliação é comum, reduz o tamanho dos frutos e as plantas gravemente infectadas podem morrer.

C.O: *Oidium caricae*

O fungo invernal e estival apresenta-se como Cleistothecia e micélio dormente nos detritos do hospedeiro afetado. Propagação secundária através dos conídios transportados pelo ar.

4. Manchas foliares:

Phyllosticta As manchas são ovais a alongadas, são esbranquiçadas no centro, com margens amareladas ou castanhas, na porção central da folha a mancha é fina e papeleira e cai.

Manchas *de Cercospora* circulares a irregulares, de cor cinza na superfície superior e indistintas na superfície inferior. A mancha de cor cinza consiste num enorme número de conídios em forma de chicote nos conidióforos curtos.

C.O: *Phyllosticta sulata; Cercospora papayae*

O fungo passa o inverno e o verão como micélio dormente nos detritos do hospedeiro afetado. Propagação secundária através do ar, conídios transmitidos por salpicos

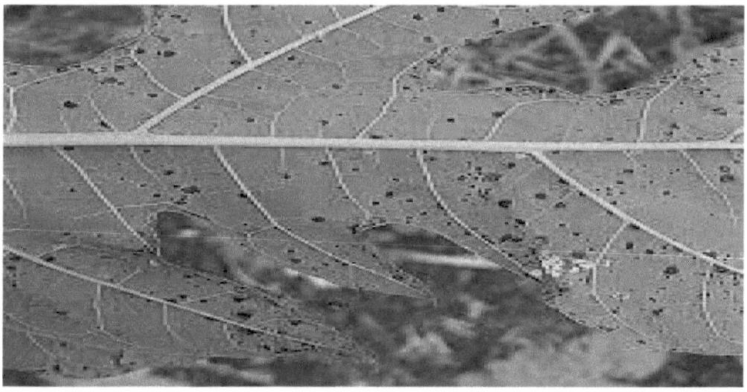

5. **Podridão dos frutos:**

As lesões irregulares encharcadas de água são cobertas por micélios de cor negra do fungo. Os frutos colapsam e exalam um cheiro desagradável.

C.O: *Rhizopus stolonifer*

O fungo produz esporos sexuais, em repouso, como zigósporos, que actuam como fonte primária de inóculo. Os aplanósporos transportados pelo ar e por salpicos actuam como uma fonte secundária de inóculo

6. **Ondulação da folha da papaia:**

O enrolamento e o enrugamento das folhas e do tecido foliar entre as nervuras é elevado um pouco acima da superfície. Isto resulta num aspeto semelhante a bolhas e deve-se à hipertrofia das células. Limpeza das nervuras, as margens das nervuras curvam-se para baixo e para dentro, dando um aspeto de taça em forma de barba, estas folhas tornam-se coriáceas e quebradiças. Redução do tamanho das folhas, incapacidade de produzir flores e frutos, se é que produzem flores e frutos, estes são deformados.

C.O: *Tobacco leaf curl virus*

O vírus transmitido pela mosca branca (*Bemisia tabaci*), as plantas hospedeiras alternativas infectadas funcionam como fonte primária de inóculo

7. **Mancha anelar da papaia:**

A descendente, o enrolamento interior das folhas, a mancha em mosaico, a clorose do tecido entre as nervuras, o enrugamento do tecido (nervuras), o engrossamento das nervuras e, finalmente, a destruição das folhas. O aspeto de ferrão de sapato é outro sintoma importante nas folhas. Nos frutos maduros, o anel amarelo com o centro verde-escuro, o tamanho da mancha varia consoante o grau de infeção do fruto. **C.O:** *Papaya ring spot virus*

O vírus é transmitido por afídeos (*Myzus persicae*) e as plantas hospedeiras alternativas infectadas actuam como fonte primária de inóculo

1. **Nemátodos das galhas:**

Formação de galhas nas raízes, amarelecimento das folhas e redução do crescimento das plantas. O nemátodo é um endoparasita sedentário, que se alimenta da parte afetada durante muito tempo.

C.O: *Meloidogyne incognita*

O solo infetado actua como fonte primária de inóculo e dissemina-se através do material de plantação, das operações agrícolas, do movimento da água das parcelas infectadas para as saudáveis, etc.

Doenças da Jaqueira

A jaca (Artocarpus heterophyllus) é muito consumida como fruto e como legume. Embora as árvores sejam geralmente consideradas resistentes, certas doenças podem limitar o sucesso do seu cultivo. A jaca é uma cultura menor que é frequentemente subutilizada e raramente cultivada como monocultura, uma vez que é tipicamente cultivada juntamente com outras culturas. Este fruto versátil é conhecido por ser uma fonte rica de hidratos de carbono e contém vitaminas importantes, incluindo a vitamina A.

O género Artocarpus, ao qual pertence a jaca, inclui cerca de 50 espécies de árvores tropicais nativas das ilhas do Pacífico, bem como do Sul e Sudeste Asiático, muitas das quais têm frutos comestíveis. A própria jaca é uma importante fonte de alimento nestas regiões.

A podridão de Rhizopus é uma doença fúngica comum que afecta as flores e os frutos das árvores de jaca. Esta podridão tende a desenvolver-se em áreas com muita precipitação, especialmente durante ou depois de tempestades. Quando o tempo quente, húmido e molhado coincide com os períodos de floração e frutificação, a podridão por Rhizopus pode resultar na perda total dos frutos, afectando gravemente o rendimento da cultura.

Esta doença desenvolve-se em tais condições, o que sublinha a importância de medidas preventivas atempadas para minimizar as perdas.

Doenças do fruto da jaqueira

Doenças graves

1. Die back; (*Botryodiplodia theobromae*)

2. Podridões dos frutos a. *Rhizopus artocarpus* b. *Rhizopus nigriocans C. Phytopthora palmivora*

1. **a morrer:**

Aparece uma descoloração da casca um pouco abaixo da ponta dos ramos. A descoloração estende-se aos ramos jovens, que ficam castanhos, murcham, murcham e caem. A goma exsuda da parte infetada e os tecidos infectados ficam descoloridos.

C.O.: *Botryodiplodia theobromae*

O fungo passa o inverno e o verão como micélio dormente nos detritos do hospedeiro afetado. Propagação secundária através do ar, conídios transmitidos por salpicos.

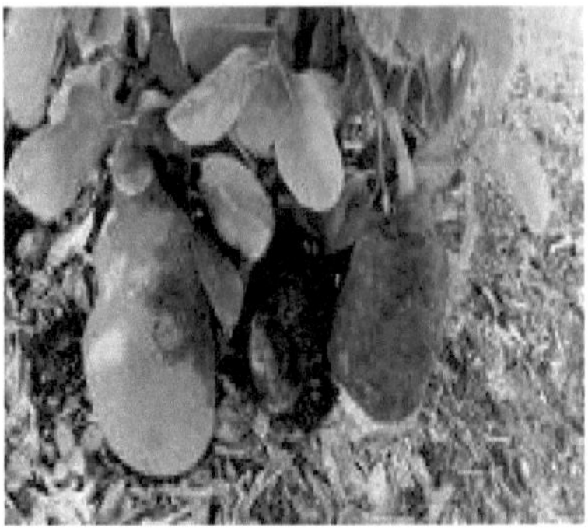

2. Mancha da folha:

As manchas *de Cercospora* são centros brancos com margens cor-de-rosa

As manchas *de Colletotrichum* são vermelho-escuras em ambas as superfícies da folha. As manchas maduras são de cor cinza no centro

As manchas *de Phyllosticta* são centros brancos, rodeados por margens largas castanhas

C.O: *Cercospora mehran; Colletotrichum gloeosporiodes Phyllosticta atrocarpine*

1. Podridão dos frutos:

A infeção começa na extremidade do pedúnculo do fruto, doenças observadas na inflorescência masculina e nos frutos jovens. A infeção aparece como um crescimento micelial acinzentado na extremidade do pedúnculo dos frutos e na inflorescência. Em condições favoráveis, os fungos crescem, os micélios tornam-se densos, escuros e cobrem todo o fruto ou inflorescência, causando o apodrecimento e, eventualmente, a queda dos frutos afectados.

C.O: *Rhizopus nigricans Rhizopus artocorpus*

O fungo sobrevive como saprófita nas fossas de estrume e nos detritos infectados do hospedeiro. A fonte secundária é através de conídios transportados pelo ar e por salpicos.

Doenças do ananás

Doenças do ananás

1. O ananás apodrece

a) Podridão basal: Inicialmente aparecem manchas encharcadas de água na base da planta. Estas tornam-se castanhas a pretas. O tecido interno apodrece e emana um cheiro desagradável. As folhas murcham e, por fim, a planta quebra-se na base.

b) Podridão da folha: grandes manchas cinzentas na superfície da folha com margens escuras. O tecido seca e as folhas ficam distorcidas.

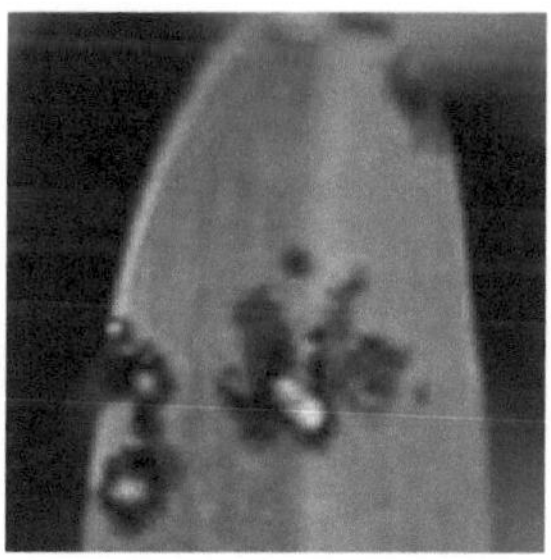

c) Podridão dos frutos: A infeção ocorre no campo durante a colheita, mas a doença torna-se grave durante o transporte e o armazenamento. A podridão é observada na parte final do caule do fruto. Inicialmente aparecem manchas encharcadas de água perto da parte final do caule do fruto. Estas manchas tornam-se amarelas e depois escurecem. Várias manchas coalescem para formar manchas maiores. O tecido apodrece, se o sumo da prensa sair ligeiramente da parte infetada.

C.O: *Ceratocystis paradoxa*(Telomorfo) *Thielaviopsis paradoxa* (anamorfo)

Os esporos sobrevivem no solo e nos detritos infectados durante mais tempo e actuam como fonte primária de inóculo. Fonte secundária através de conídios transportados pelo ar e por salpicos

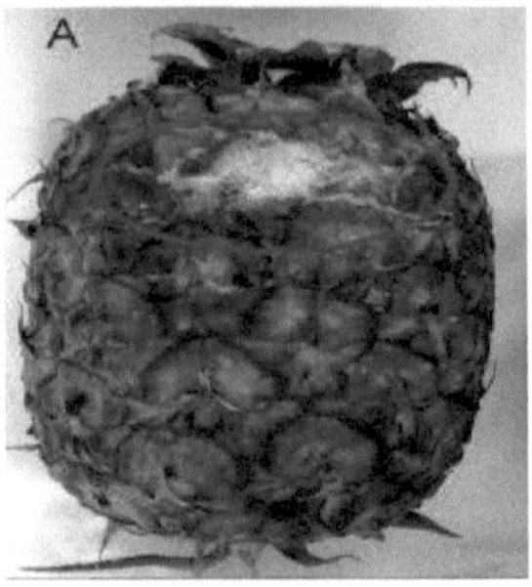

d) Apodrecimento do coração:

Murchamento e torção do verticilo central das folhas, as folhas podem ser facilmente arrancadas e as folhas afectadas apodrecem.

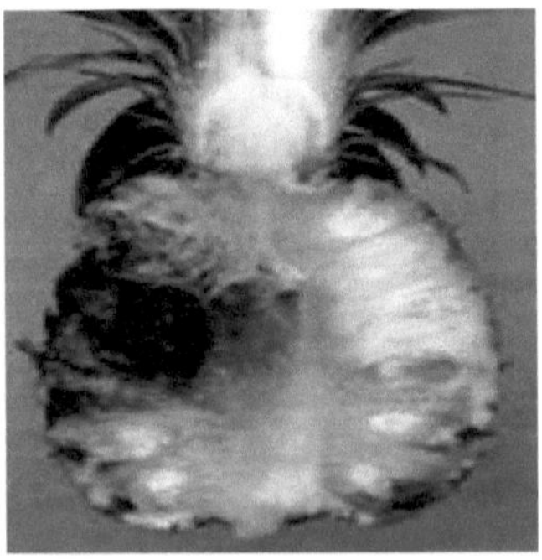

e) Podridão do caule:

Aparecem manchas encharcadas de água, que depois se tornam mais escuras e, por fim, o tecido interno apodrece.

f) Podridão radicular:

Crescimento atrofiado, folhas amarelas, desfolha, não formação de frutos e até morte planta.

C.O: *Phytophthora parasitica*

O fungo sobrevive como oósporos durante mais tempo e actua como fonte primária de inóculo e fonte secundária de esporângios e zoósporos transportados pelo ar e por salpicos.

2. Murchar:

Secagem e murchidão das folhas da ponta para baixo, acompanhada de uma descoloração amarelo-avermelhada. Ocorrem em 4 fases diferentes.

A coloração bronze a vermelha ocorre do 3º ao 4º verticilo para o exterior e as folhas apresentam reflexos internos nas margens.

As folhas apresentam uma coloração rosa e amarela brilhante, turgência frouxa e, em seguida, um ligeiro acastanhado, apresentando ocasionalmente áreas onduladas e necróticas.

As folhas do 4.º e do 5.º verticilo apresentam um reflexo descendente, com os bordos amarelos a cor-de-rosa. As pontas das folhas enrolam-se ligeiramente para trás, as plantas afectadas são mais pequenas do que as saudáveis.

As pontas das folhas do verticilo central enrolam-se ligeiramente para trás, são castanhas e murchas. As folhas têm um aspeto verde baço, com uma coloração rosada esparsa.

Decadência total das raízes, murchamento e morte da planta.

C.O: *Vírus da murchidão associado à cochonilha do ananás* (PMWaVs)
Transmitido pela cochonilha (*Drymococus brevicaps*), o vírus sobrevive em hospedeiros alternativos, como as ervas daninhas e a sementeira própria.

REFERÊNCIAS

https://agritech.tnau.ac.in/crop_protection/crop_prot_crop%20diseases_fruits_mango.html

https://agritech.tnau.ac.in/crop_protection/crop_prot_crop%20diseases_fruits_banana.html

https://agritech.tnau.ac.in/crop_protection/crop_prot_crop%20diseases_fruits_grapes.html

https://agritech.tnau.ac.in/crop_protection/crop_prot_crop%20diseases_fruits_citrus.html

https://agritech.tnau.ac.in/crop_protection/crop_prot_crop%20diseases_fruits_papaya.html

https://agritech.tnau.ac.in/crop_protection/crop_prot_crop%20diseases_fruits_pineapple.html

Doenças das culturas hortícolas e sua gestão pelo IARI TOPPER.

Manual de Horticultura de K.L

MIX
Papier aus verantwortungsvollen Quellen
Paper from responsible sources
FSC® C105338

Printed by Books on Demand GmbH, Norderstedt / Germany